Uerisson Nascimento de Araujo Rebelo
Maria Manuela da F. Moura

Bestimmung der Häufigkeit einiger menschlicher molekularer Marker

Uerisson Nascimento de Araujo Rebelo
Maria Manuela da F. Moura

Bestimmung der Häufigkeit einiger menschlicher molekularer Marker

Häufigkeit menschlicher Marker

ScienciaScripts

This book is a translation from the original published under ISBN 978-620-2-04935-1.

Publisher:
Sciencia Scripts
is a trademark of
Dodo Books Indian Ocean Ltd. and OmniScriptum S.R.L publishing group

120 High Road, East Finchley, London, N2 9ED, United Kingdom
Str. Armeneasca 28/1, office 1, Chisinau MD-2012, Republic of Moldova, Europe
Printed at: see last page
ISBN: 978-620-7-24357-0

ZUSAMMENFASSUNG

DANKSAGUNGEN

Die Bundesuniversität von Rondônia - UNIR für die Möglichkeit, sich persönlich und beruflich weiterzuentwickeln.

Prof. Dr. Maria Manuela da Fonseca Moura für ihre Führung, für die Möglichkeit, mit diesem faszinierenden Universum der Humangenetik zu arbeiten, und dafür, dass sie daran geglaubt hat, dass ich die Forschung durchführen kann, indem sie mich immer motiviert hat, wenn die Ergebnisse nicht den Erwartungen entsprachen, und mir Anerkennung gegeben hat, wenn die Ergebnisse zufriedenstellend waren. Sie haben meine Ideen vorangetrieben, so dass ich weiterhin das tun konnte, was ich liebe: gute Wissenschaft.

Meinen Kollegen im Labor, die mir geholfen haben, wann immer sie Zeit und Lust dazu hatten.

Meinem Vater Valmio S. Rebelo und meiner Mutter Maria N. A. Rebelo, die mich unterstützt und ermutigt haben, mein Studium fortzusetzen.

Cleice Milene Strada, die mir in den schwierigsten und dunkelsten Momenten immer geholfen und mich unterstützt hat.

An alle Lehrer, von meiner Kindheit bis zur Universität, die immer bereit waren, ihr Bestes für alle Schüler zu geben, die durch ihre Hände gingen.

An die Familie Sampaio Cabral, die mich unterstützt und mir die Hand gehalten hat, als ich am meisten ein Zuhause brauchte.

Meinen Freunden Hembert Flores, Danilo Geremia, Fabio Marconso und Jhonny Carvalho, die mir immer zur Seite standen.

An den Vorstand, der sich bereit erklärt hat, meine Fehler zu korrigieren.

Allen, die mich direkt oder indirekt unterstützt haben, mit guten Ideen, mit neuen Sicht- und Handlungsweisen, die es mir ermöglicht haben, mich persönlich und akademisch weiterzuentwickeln.

An Gott, den Schöpfer.

ZUSAMMENFASSUNG

DNA findet sich in jedem menschlichen Gewebe und ist daher leicht zu beschaffen. In Experimenten, die 1985 von Jeffreys und Mitarbeitern durchgeführt wurden, wurden wiederholte DNA-Einheiten entdeckt, deren Anzahl von Person zu Person variiert. STR-Sequenzen haben sich wiederholende Einheiten, die zwischen 2 und 7 Basenpaaren groß sind und Mikrosatellitenregionen der DNA darstellen. Ziel dieser Studie war es, die allelischen und genotypischen Häufigkeiten der STR-Mikrosatellitenmarker vWA, D21S11 und FGA in einer Population aus Porto Velho, Rondônia, zu analysieren. 33 Proben wurden mittels PCR und 12%-igem denaturierendem Polyacrylamidgel analysiert. Das häufigste Allel für vWA war 17 (0,3333), für D21S11 war es 29 (0,2273) und für FGA waren es 24 und 31 (0,2121). Der Chi-Quadrat-Test wurde als statistischer Test zur Überprüfung des Hardy-Weinberg-Gleichgewichts verwendet. Diesem Test zufolge befindet sich die untersuchte Population nicht im Hardy-Weinberg-Gleichgewicht.

Schlüsselwörter: STRs, vWA, D21S11 und FGA; Allel- und Genotyphäufigkeiten; Populationsgenetik.

1 EINFÜHRUNG

DNA findet sich in jedem menschlichen Gewebe und ist daher leicht zu beschaffen. Bei Experimenten, die 1985 von Jeffreys und Mitarbeitern durchgeführt wurden, als variable Nukleotid-Wiederholungssequenzen "im Tandem", VNTR genannt, beim Screening mit Restriktionsenzymen in einer menschlichen Genombibliothek identifiziert wurden, stellte man fest, dass der größte Teil des menschlichen Genoms zwar bei allen Individuen identisch ist, es aber auch Regionen mit großer Variation gibt. Diese Variation kann in jedem Teil des Genoms auftreten, insbesondere in Bereichen, die nicht für Proteine kodieren und daher evolutionär neutral sind. Bei dieser Gelegenheit wurde zum ersten Mal der Begriff "DNA-Fingerabdruck" verwendet, und zwar in dem Sinne, dass es sich um eine neuartige Methode handelt, mit der ein einzigartiges genetisches Profil erstellt werden kann.

Die Beobachtung dieser Muster mit unterschiedlicher Häufigkeit in verschiedenen Populationen führte zum Konzept der molekularen Marker oder genetischen Marker, die aus Variationen im Code des genetischen Materials (Genom) stammen und sich über die Generationen nach dem Mendelschen Vererbungsmuster aufspalten, die sich auf monogene Merkmale beziehen oder eine Verteilung aufweisen, die mit derjenigen vergleichbar ist, die bei polygenen Merkmalen zu erwarten ist, wobei keine selektiven Werte zu beobachten sind (FERREIRA E GRATTAPALIA, 1998).

Molekulare Marker können für verschiedene Anwendungen eingesetzt werden, z. B. für die Charakterisierung genetisch bedingter Krankheiten und neuer Arzneimittel, für die Identifizierung von Personen in der forensischen Genetik und für Vaterschaftstests.

In DNA-Molekülen wurden auch Sequenzen gefunden, die als STRs (*Short Tandem Repeats)* bezeichnet werden. STR-Sequenzen haben sich wiederholende Einheiten in einer Sequenz mit einer Größe von 2 bis 7 Basenpaaren und stellen Mikrosatellitenbereiche der DNA dar, deren Nachweis von der Amplifikation durch die PCR-Technik abhängt, einer Polymerisationskettenreaktion, die durch ein thermoresistentes DNA-Polymerase-Enzym gesteuert wird.

Die Analyse von STR-Sequenzen in menschlicher DNA hat aufgrund ihrer geringeren Größe Vorteile gegenüber Polymorphismen, die durch VNTR gefunden werden. Aufgrund dieser Eigenschaft bleiben STR-Regionen auch in DNA-Molekülen mit einem hohen Grad an Degradation intakt, wie z. B. in den meisten biologischen Beweismitteln, die "post mortem" oder an Tatorten gesammelt werden, wie Haare, Speichel, Blut und dehydriertes Sperma.

Abbildung 1: A) Darstellung der STR in einem DNA-Segment. B) Darstellung eines heterozygoten Genortes (rot) mit verschiedenen Allelprofilen für eine STR.

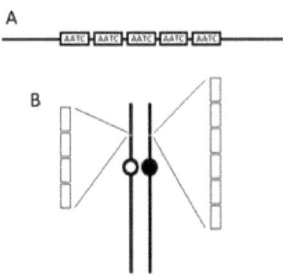

Quelle: Wikipedia.

Da jedes Individuum ein Allel von seinem Vater und das andere von seiner Mutter erhält, ist der Vergleich der hypervariablen *Loci der* untersuchten Person mit denen ihres mutmaßlichen Vaters, die mit den von der Mutter vererbten Loci bestätigt werden, eine sehr aussagekräftige Methode, um festzustellen, ob eine genetische Verbindung zwischen ihnen besteht oder nicht.

Hunderte von STR-Loci wurden bereits identifiziert, und derzeit werden kommerzielle Systeme verwendet, die aus Markersätzen (CODIS, NGM, IDENTIFILER u. a.) bestehen, die speziell für die Identifizierung von Menschen bestimmt sind und einen hohen Grad an Sicherheit bieten.

2 THEORETISCHER RAHMEN

2.1. GESCHICHTE DER VATERSCHAFTSTESTS UND DER VERWENDUNG VON DNA ALS GERICHTSMEDIZINISCHES MATERIAL.

Ab den 1990er Jahren ermöglichte die chemische Synthese von Replikationsprimern für STR-Regionen, deren Targets mit verschiedenen Fluorophoren markiert waren, eine große Flexibilität bei der Typisierung menschlicher DNA, die zu dieser Zeit noch in den Kinderschuhen steckte. Es wurden Methoden für die gleichzeitige Amplifikation verschiedener polymorpher STR-Sequenzen mit Hilfe der PCR-Technik entwickelt, und die verschiedenen Amplifikationsprodukte oder STR-Allele wurden nach Auftrennung auf Polyacrylamidgelen oder durch Kapillarelektrophorese in automatischen Sequenziergeräten nachgewiesen.

In der Praxis bestand dieser letzte Schritt in der fast vollständigen Automatisierung der technischen Verfahren zur Identifizierung von Menschen durch DNA, die es in mehreren Ländern ermöglicht hat, Datenbanken mit Allelprofilen von Personen zu erstellen, die verdächtigt werden, mit Verbrechen in Verbindung zu stehen, sowie eine schnelle Definition des Vorliegens oder Nichtvorliegens einer genetischen Verbindung, insbesondere der Vaterschaft, zwischen Parteien in Rechtsstreitigkeiten.

Die DNA-Typisierung von Personen wurde bald mit dem juristischen Bereich in Verbindung gebracht, da sie es ermöglichte, die Herkunft jeglichen menschlichen biologischen Materials eindeutig zu bestimmen. Die Methode hat sich zu einem wichtigen Instrument der Beweisführung in zivil- und strafrechtlichen Streitigkeiten entwickelt, das für die Justiz und die Exekutive von großer Bedeutung ist.

Anfang der 1990er Jahre wurde die mitochondriale DNA, ein ausschließlich mütterliches Erbgut mit extrakerniger Lokalisierung, Teil des biotechnologischen Arsenals, das zur Identifizierung von Menschen eingesetzt wird. Das mitochondriale DNA-Molekül enthält 16.569 Basenpaare und wurde 1981 von Anderson und Mitarbeitern vollständig sequenziert. Identifizierungen auf der Grundlage mitochondrialer DNA bestehen aus der Sequenzierung und dem Vergleich zweier hypervariabler Regionen, genannt HVI und HVII, die in dieser

6

DNA vorhanden sind, wobei die von Anderson et al. veröffentlichte Standardsequenz als Referenz dient. Wenn man die Basensequenz einer mitochondrialen DNA kennt, die aus einer biologischen Probe unbekannter Herkunft gewonnen wurde, und sie mit den mtDNAs ihrer mutmaßlichen mütterlichen Verwandten vergleicht, kann man das Individuum identifizieren, von dem die betreffende biologische Probe stammt.

STRs auf dem Y-Chromosom werden ebenfalls häufig bei der Identifizierung menschlicher DNA verwendet, da sie besondere Merkmale aufweisen, die sie vor allem bei der Vaterschaftsuntersuchung sehr wichtig machen. Da es während der Meiose mangels homologer Chromosomen keine Rekombination gibt, haben alle männlichen Mitglieder einer Familie die gleichen Allele, die in Blöcken vererbt werden; diese Art der Vererbung wird als haplotypische Vererbung bezeichnet, und der Satz von Allelen wird als Haplotypen bezeichnet.

In den 1990er Jahren wurden mit der Popularisierung des *Polymerase-Kettenreaktionstests* (PCR) immer empfindlichere Techniken entwickelt, mit denen die Vielfalt biologischer Proben mit wenig DNA identifiziert werden kann.

2.2. INDIZES UND DATENBANKSTRUKTUR - CODIS

CODIS (Combined DNA Index System) war die erste kodierte DNA-Datenbank, die vom FBI unter Verwendung molekularer Marker gegründet wurde. Es handelt sich um ein computergestütztes System, in dem DNA-Profile gespeichert werden, die von Kriminalitätslaboratorien in den Vereinigten Staaten von Amerika erstellt wurden, und das es ermöglicht, die Datenbank zu durchsuchen, um Verdächtige zu identifizieren.

Mit dem DNA-Identifizierungsgesetz von 1994 wurde das FBI förmlich ermächtigt, das CODIS-System zu betreiben und nationale Standards zur Regelung forensischer DNA-Tests festzulegen. CODIS wurde 1998 in vollem Umfang in Betrieb genommen und entwickelte sich langsam zu einem universellen Betriebsmodus, der in Europa durch zwei weitere molekulare Marker, D2S1338 und D19S433, ergänzt wurde.

Untersuchung der Vaterschaft. Prozessuale Vertretung des Klägers. Private Urkunde. Beweise. Genetischer Test (DNA). Feststellende Urteile. Geldstrafe gemäß Artikel 538, einziger Absatz des CPC. Da die Mutter des unreinen Minderjährigen, die Klägerin, volljährig und geschäftsfähig ist, kann sie einen Anwalt durch eine private Urkunde beauftragen. Die Durchführung eines Gentests (HLA und DNA) ist immer ratsam, da sie dem Richter ein Urteil mit sehr hoher Wahrscheinlichkeit, wenn nicht gar Gewissheit, ermöglicht, ist aber für das Verfahren nicht wesentlich und auch keine Voraussetzung für die Beurteilung der Begründetheit der Klage, weil die Schwierigkeiten bei der Durchführung bekannt sind, weil der Beklagte sich weigert oder nicht über die erforderlichen Mittel verfügt, weil die Behauptung des plurium concubentium als Verteidigung und die Beweislast des Beklagten bekannt sind, und weil der Ausschluss der Geldbuße im einzigen Absatz von Artikel 538 CPC wegen fehlender Rechtfertigung bekannt ist und teilweise bestätigt wurde (SUPERIOR COURT OF JUSTICE, 1994).

Die Verwendung des STR-CODIS-Systems hat viele Vorteile. Das CODIS-System wird von forensischen DNA-Analytikern weitgehend übernommen. STR-Allele können mit kommerziell erhältlichen Kits schnell bestimmt werden.

STR-Allele sind diskret und verhalten sich nach den bekannten Prinzipien der Populationsgenetik. Die Daten sind digital und daher ideal für Computerdatenbanken.

Laboratorien in der ganzen Welt tragen zur Analyse der STR-Allelhäufigkeiten in verschiedenen menschlichen Populationen bei, wodurch Vergleiche zwischen verschiedenen Populationen möglich sind.

2.3. MOLEKULARE MARKER

Das CODIS-System identifiziert 13 Hauptmarker, und heute gibt es noch viele weitere Marker, die bestimmt werden können, auch wenn von den 13 Markern die Kenntnis über ihre weltweiten Häufigkeiten größer ist.

Hunderte von STR-Loci wurden bereits identifiziert, und kommerzielle Systeme, die aus spezifischen Markern bestehen (CODIS, NGM, IDENTIFILER u. a.), werden derzeit mit hoher Zuverlässigkeit zur Identifizierung von Menschen eingesetzt (BONACCORSO, 2005).

Wenn Oligonukleotidpaare für mehrere Gensegmente enthalten sind, die gleichzeitig amplifiziert werden, spricht man von Multiplex-PCR.

Abbildung 2 zeigt die Lage und Nomenklatur dieser Marker auf den Chromosomen.

Abbildung 2: Die 13 CODIS-Marker und ihre Position auf den Chromosomen.

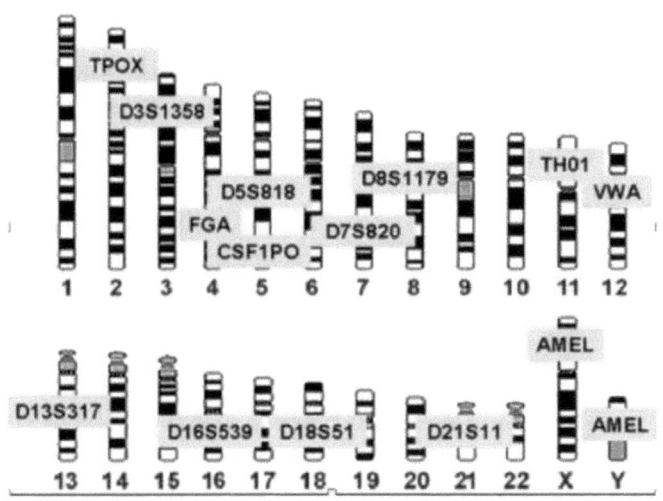

Quelle: NIST, 2016.

Die Verwendung dieser Marker hat sich bei der Erstellung von Bevölkerungs- und Regionaldatenbanken sowie bei der Identifizierung von Menschen als nützlich erwiesen.

Der vWA-Marker ist ein STR auf dem kurzen Arm von Chromosom 12 mit Tetranukleotidbasen-Wiederholungen (AGAT) und ist mit dem Von-Willebrand-Faktor-Gen assoziiert, dem menschlichen Gerinnungsfaktor, der für die primäre Hämostase verantwortlich ist (NIST, 2016).

In den letzten Jahren wurde festgestellt, dass nicht-kodierende Varianten mit kodierenden Varianten, die bis zu mehreren tausend Basenpaaren voneinander entfernt sind, in einem Kopplungsungleichgewicht (LD) stehen können und Haplotyp-Blöcke bilden. Das vWA-Gen ist Teil eines *Introns des* von-Willebrand-Faktors (VWF), der mit seinen Thrombozytenrezeptoren über Glykoprotein (GP) Ib-IX-V und Integrin αIIbβ3 bei der Förderung der primären Thrombozytenadhäsion und -aggregation nach Gefäßverletzungen interagiert, wobei mehrere Haplotypen

9

beobachtet wurden. Es scheint jedoch keine Hinweise auf eine Rekombination innerhalb von 3 kb von vWA zu geben (LAIRD, R, SCHNNEIDER, P. M, GAUDIERI, S. 2007), was das Hardy-Heinberg-Ungleichgewicht nicht erklären würde.

Der Marker D21S11 ist ein STR, der sich auf dem langen Arm von Chromosom 21 befindet und Tetranukleotidbasen-Wiederholungen (TCTA) aufweist, die noch nicht mit einer spezifischen Genkodierung in Verbindung gebracht werden. Es handelt sich um ein sehr polymorphes Allel mit 44 in der Literatur beschriebenen Allelen (GRIFFTHS, 2009; NIST, 2016).

Trisomie 21 oder Down-Syndrom ist das häufigste Syndrom beim Menschen. Der polymorphe STR-DNA-Marker D21S11 eignet sich für die Bestimmung der Anzahl der Chromosomen 21 in fötalen Zellen. Die hohe Sensitivität und die Automatisierung der Verfahren lassen den Einsatz dieser Methode bei der pränatalen Erkennung des fötalen Down-Syndroms als aussichtsreich erscheinen (LIOU. et al, 2004).

Der FGA-Marker ist ein STR, der sich auf dem langen Arm von Chromosom 4 befindet und mit dem menschlichen Fibrinogen-Alpha-Gen assoziiert ist (NIST, 2016).

FGA STR ist das Intron 3^0 des Gens der Fibrinogen-alpha-Kette (FGA), das durch die Protease Thrombin gespalten wird, um Monomere zu bilden, die zusammen mit Fibrinogen-beta (fgb) und Fibrinogen-gamma (fgg) polymerisieren und eine unlösliche Fibrinmatrix bilden. Fibrin spielt als einer der Hauptbestandteile von Blutgerinnseln eine Schlüsselrolle bei der Blutstillung. Darüber hinaus stabilisiert es in der Anfangsphase der Wundheilung die Läsion und steuert die Zellmigration während der Reepithelisierung. Ursprünglich ging man davon aus, dass es für die Thrombozytenaggregation unerlässlich ist, und zwar aufgrund von In-vitro-Studien mit antikoaguliertem Blut. Mütterliches Fibrinogen ist für eine erfolgreiche Schwangerschaft unerlässlich. Die Ablagerung von Fibrinogen wird auch mit Infektionen in Verbindung gebracht, wo es vor IFNG (Interferon gamma)-vermittelten Blutungen schützt. Es kann auch die Immunantwort über angeborene und T-Zell-vermittelte Wege erleichtern.

2.4. DIE STATISTISCHE STÄRKE EINES STR-13-PROFILS

Wie der Name schon sagt, enthält eine STR Einheiten einer kurzen Wiederholung (in der Regel drei bis vier Nukleotide) der DNA-Sequenz. Die Anzahl der Wiederholungen innerhalb einer STR wird als Allel bezeichnet. Die STR mit der Bezeichnung D7S820 auf Chromosom 7 enthält beispielsweise zwischen 5 und 16 GATA-Wiederholungen. Daher gibt es 12 verschiedene mögliche Allele für die STR D7S820. Ein Individuum mit den D7S820-Allelen 10 und 15 hätte zum Beispiel eine Kopie von D7S820 mit 10 GATA von einem Elternteil und eine Kopie von D7S820 mit 15 GATA vom anderen Elternteil geerbt. Da es 12 verschiedene Allele für diesen STR gibt, gibt es somit 78 verschiedene mögliche Genotypen oder Allelpaare. Konkret gibt es 12 Homozygote, bei denen beide Elternteile das gleiche Allel besitzen, sowie 66 Heterozygote, bei denen die beiden Allele unterschiedlich sind (LEITE, H. R. F. 2013).

In den USA ist die Erstellung von STR-Profilen ein weit verbreitetes Mittel zur Identifizierung, und diese Technologie wird inzwischen routinemäßig zur Identifizierung menschlicher Überreste, zur Feststellung oder zum Ausschluss der Vaterschaft oder zur Ermittlung eines Verdächtigen an einem Tatort eingesetzt.

Um STR-Informationen als Mittel zur Identifizierung von Menschen zu nutzen, ermittelte das FBI die Häufigkeit, mit der jedes Allel jeder der 13 STRs bei Menschen unterschiedlicher ethnischer Herkunft natürlich vorkommt. Zu diesem Zweck analysierte das FBI DNA-Proben von Hunderten von nicht verwandten kaukasischen, afroamerikanischen, hispanischen und asiatischen Personen. Unter der Annahme, dass alle 13 STRs dem Prinzip der unabhängigen Segregation folgen, dass sie im gesamten Genom weit verbreitet sind und dass die Bevölkerung zufällig gepaart wurde, zeigt eine statistische Berechnung auf der Grundlage der vom FBI ermittelten STR-Allelhäufigkeiten, dass die Wahrscheinlichkeit, dass zwei nicht verwandte Kaukasier identische STR-Profile oder so genannte "DNA-Fingerabdrücke" haben, etwa 1 zu 575 Billionen beträgt (JEFFREYS, 2005).

2.5. GENETISCHE STRUKTUR DER MENSCHLICHEN POPULATIONEN

Rosenberg et al. (2002) untersuchten die menschliche Bevölkerungsstruktur anhand der Genotypen von 377 autosomalen Mikrosatelliten-Loci in 52

11

Populationen und ermittelten sechs genetische Hauptcluster, von denen fünf den wichtigsten geografischen Regionen entsprechen: Afrika südlich der Sahara, Nord- und Südamerika, Ozeanien, Ostasien und Eurasien (Europa, Naher Osten, Zentral- und Südasien) sowie *Subcluster*, die oft einzelnen Populationen entsprechen. Diese Arbeit deutet auf die Möglichkeit hin, dass die Kenntnis der Abstammung die epidemiologische Risikobewertung erleichtern kann.

2.6. Nützlichkeit von Vaterschaftstests

Dank der in den letzten Jahrzehnten erzielten Fortschritte in der Molekularbiologie ist es heute möglich, die Vaterschaft anhand der DNA von Großeltern, Cousins und Cousinen oder sogar anhand von Speichelresten auf einer weggeworfenen Kaffeetasse festzustellen. Solche DNA-Tests sind zweifellos ein wichtiger Bestandteil von strafrechtlichen Ermittlungen, einschließlich der forensischen Analyse, aber sie sind auch bei Zivilgerichten nützlich, wenn die Vaterschaft eines Kindes in Frage steht.

Im weiteren Sinne bedeuten die Fortschritte bei den Vaterschaftstests, dass Menschen, die adoptiert wurden, nun direktere Möglichkeiten haben, ihre biologische Identität zu bestätigen, ihre biologischen Eltern zu finden oder ihre ethnische Herkunft zu bestimmen.

2.7. FORENSISCHE GENETIK IN BRASILIEN

Das Nationale Sekretariat für öffentliche Sicherheit führt die Nationale Datenbank für genetische Profile ein, wie das amerikanische CODIS, das Daten über verurteilte Straftäter speichert, und das europäische FENIX, das das genetische Profil von Tausenden von vermissten Personen enthält. Diese Instrumente beschleunigen den Informationsaustausch zwischen den Institutionen im ganzen Land und erleichtern die Lösung der verschiedenen Fälle. In Brasilien wird die Einführung dieser Datenbank zu einem Anstieg der Nachfrage in den forensischen Labors führen, da sie es beispielsweise ermöglichen wird, einen Verbrecher durch die Analyse eines einzigen Bluttropfens, der an einem Tatort gefunden wurde, zu identifizieren (EXCOFFIER2005).

Da sich die Technologie der genetischen Profilerstellung in mehreren Ländern, insbesondere in den USA und im Vereinigten Königreich, bereits als äußerst wirksam erwiesen hat, war ihre Auswirkung auf die Förderung der Justiz und die Bekämpfung der Straflosigkeit ein entscheidender Faktor für ihre Einführung in Brasilien.

Die Bemühungen um die Entwicklung der forensischen Genetik auf nationaler Ebene führten 2009 zur Unterzeichnung der Verpflichtungserklärung für die Nutzung der CODIS-Software in Brasilien. Im Jahr 2010 fand die größte Installation des CODIS-Programms außerhalb der USA statt, an der 15 staatliche Laboratorien, ein Bundeslabor sowie die nationalen Banken für CODIS 5.7.4 (Verbrecher) und CODIS 6.1 (vermisste Personen) beteiligt waren. Diese Struktur von Laboratorien und Banken wurde auf den Namen "Integriertes Netz genetischer Profilbanken" (RIBPG) getauft.

Das Gesetz Nr. 10.317 vom 6. Dezember 2001 sieht die Gewährung von Prozesskostenhilfe für Personen vor, die in Fällen von Vaterschafts- oder Mutterschaftsuntersuchungen auf Antrag einen DNA-Test durchführen lassen.

Der Präsident der Republik

Ich erkläre hiermit, dass der Nationalkongress das folgende Gesetz erlassen hat, und ich genehmige es hiermit:

Art. 1 Art. 3 des Gesetzes 1.060 vom 5. Februar 1950 tritt in Kraft mit der Hinzufügung des folgenden Punktes VI:

"Art. 3.

VI - Die Kosten für die Durchführung des Tests des genetischen Codes - DNA -, der von der Justizbehörde bei Vaterschafts- oder Mutterschaftsklagen verlangt wird..." (NR)

Art. 2 Dieses Gesetz tritt am Tag seiner Veröffentlichung in Kraft.

Brasilia, 6. Dezember 2001; 180. Jahrestag der Unabhängigkeit und 113. Jahrestag der Republik (Präsidentschaft der Republik, 2001).

Im Jahr 2009 hatte das Gesetz Nr. 12.004, das die Vaterschaftsuntersuchung regelt, bereits die Vaterschaftsvermutung für den Fall festgelegt, dass der mutmaßliche Vater sich weigert, den DNA-Test durchzuführen.

Der Präsident der Republik

Ich erkläre hiermit, dass der Nationalkongress das folgende Gesetz erlassen hat, und ich genehmige es hiermit:

Art. 1° Dieses Gesetz legt die Vaterschaftsvermutung für den Fall fest, dass der mutmaßliche Vater sich weigert, sich einem genetischen Code-Test - DNA - zu unterziehen.

Art. 2° Das Gesetz Nr.° 8.560 vom 29. Dezember 1992 tritt in Kraft, wobei der folgende Art. 2° -A hinzugefügt wird:

"Art. 2 -A.° In einem Verfahren zur Feststellung der Vaterschaft werden alle rechtlichen und moralisch legitimen Mittel eingesetzt, um die Wahrheit der Tatsachen zu beweisen.

Einziger Absatz. Die Weigerung des Beklagten, sich dem Test des genetischen Codes - der DNA - zu unterziehen, führt zu einer Vaterschaftsvermutung, die im Zusammenhang mit der Beweislage zu beurteilen ist. "

Art. 3 Das °Gesetz Nr.° 883 vom 21. Oktober 1949 wird hiermit aufgehoben.

Art. 4° Dieses Gesetz tritt am Tag seiner Veröffentlichung in Kraft.

Brasilia, 29. Juli 2009; 188° da Independência e 121° da Repùblica (Präsidentschaft der Republik, 2009).

Im Jahr 2012 wurde die Bundesverordnung Nr. 12.654 erlassen, die die Erfassung von genetischen Profilen als eine Form der Identifizierung von Straftätern regelt, so dass für jede Person ein genetisches Profil erstellt werden kann und eine Datenbank mit gespeicherten genetischen Profilen von Straftätern eingerichtet werden kann, um die Identifizierung dieser Personen zu erleichtern und die Feststellung der Urheberschaft von Straftaten sowie die Aufklärung möglicher Verdächtiger zu ermöglichen.

DIE PRÄSIDENTIN DER REPUBLIK, in Ausübung der ihr durch Artikel 84, **caput**, Punkte IV und VI, Absatz "a", der Verfassung übertragenen Befugnisse, und in Anbetracht der Bestimmungen des Gesetzes Nr. 12.654 vom 28. Mai 2012,

BESCHLUSS:

14

Art. 1 Die Nationale Bank für genetische Profile und das Integrierte Netz der Banken für genetische Profile werden beim Justizministerium eingerichtet.

§ Absatz 1 Zweck der Nationalen Bank für genetische Profile ist die Speicherung von genetischen Profildaten, die zur Unterstützung von Maßnahmen zur Aufklärung von Straftaten erhoben werden.

§ Absatz 2 Zweck des Integrierten Netzes der Genprofilbanken ist es, die gemeinsame Nutzung und den Vergleich der in den Genprofilbanken des Bundes, der Länder und des Bundesgebietes enthaltenen genetischen Profile zu ermöglichen.

§ Absatz 3: Die Länder und der Bundesdistrikt schließen sich dem Integrierten Netz durch eine Vereinbarung über die technische Zusammenarbeit zwischen der föderalen Einheit und dem Justizministerium an.

§ Absatz 4 Die Nationale Datenbank für genetische Profile wird in der offiziellen forensischen Abteilung des Justizministeriums eingerichtet und von einem qualifizierten föderalen Strafrechtsexperten mit nachgewiesener Erfahrung im Bereich der Genetik verwaltet, der vom Staatsminister der Justiz ernannt wird.

Einziger Absatz. Der Vergleich von Proben und genetischen Profilen, die von Blutsverwandten vermisster Personen freiwillig gespendet wurden, wird ausschließlich zur Identifizierung der vermissten Person verwendet; ihre Verwendung für andere Zwecke ist verboten. Brasília, 12. März 2013; 192. Jahrestag der Unabhängigkeit und 125. der Republik (Präsidentschaft der Republik, 2013).

2.8 METHODEN ZUR AUSWERTUNG DER STR CODIS-LOCI 13

Für eine forensische DNA-Analyse reicht in der Regel ein Nanogramm DNA aus, um gute Daten zu erhalten. Die 13 wichtigsten STRs haben eine Länge von 100 bis 300 Basen, so dass auch teilweise degradierte DNA-Proben zufriedenstellend analysiert werden können. Heute gibt es kommerzielle Multiplexe, bei denen die Analysekosten (Zeit und Reagenzien) durch die Amplifikation aller 13 STRs in nur zwei PCR-Reaktionen erheblich gesenkt werden.

Beim Versuch, Beweismaterial vom Tatort einem Verdächtigen zuzuordnen, wird das Allelprofil der 13 wichtigsten STRs sowohl für die Probe des Beweismaterials als auch für die Probe des Verdächtigen bestimmt. Wenn die STR-Allele zwischen den beiden Proben nicht übereinstimmen, wird die Person vom Tatort ausgeschlossen. Stimmen die beiden Proben jedoch in allen 13 STR-Allelen überein, wird eine statistische Berechnung durchgeführt, um die Häufigkeit zu bestimmen, mit der dieser Genotyp in der Bevölkerung vorkommt. Bei dieser Wahrscheinlichkeitsberechnung wird die Häufigkeit berücksichtigt, mit der jedes STR-Allel in der ethnischen Gruppe der Person vorkommt. Ausgehend von der Häufigkeit jedes STR-Allels in der Population ergibt die Berechnung des Hardy-Weinberg-Gleichgewichts die Häufigkeit des beobachteten Genotyps für jeden STR. Die Multiplikation aller Häufigkeiten der einzelnen STR-Genotypen ergibt die Häufigkeit des Gesamtprofils und die Wahrscheinlichkeit, dass es sich bei der Person um einen Kriminellen handelt. Die heutigen Gentests haben eine Trefferquote von bis zu 99,99 %, d. h. 9.999 von 10.000 (NORRGARD, 2008).

Inzwischen gibt es kommerzielle Kits, die fluoreszierende Moleküle verwenden, die kovalent mit dem Primer für die Analyse verbunden sind. Dies erhöht die Anzahl der verschiedenen Loci, die in einer einzigen PCR-Reaktion analysiert werden können, indem mehrere Primer-Sets mit unterschiedlichen Fluoreszenzfarben verwendet werden.

2.8. BEISPIEL FÜR EIN DNA-PROFIL: EIN 13-STR-LOCI AUS CODIS

Im Rahmen seiner Ausbildung und Eignungstests für die Analyse von STR-Polymorphismen erstellte der forensische Wissenschaftler und DNA-Analyst Bob Blackett 1997 ein DNA-Profil seiner eigenen DNA (DOLINSKY, 2007).

Tabelle 1 zeigt das Blackett-DNA-Profil für die 13 Codis-Gene in der nationalen Datenbank der USA - CODIS.

Tabelle 1: Blackett-DNA-Profil für die 13 Genloci aus der nationalen Datenbank der USA
- CODIS.

Standort	Genotyp	Frequenz
D3S1358	15, 18	8,2%
APV	16, 16	4,4%
FGA	19, 24	1,7%
D8S1179	12, 13	9,9%

D21S11	29, 31	2,3%
D18S51	12, 13	4,3%
D5S818	11, 13	13%
D13S317	11, 11	1,2%
D7S820	10, 10	6,3%
D16S539	11, 11	9,5%
THO1	9, 9.3	9,6%
TPOX	8, 8	3,52%
CSF1PO	11, 11	7,2%
AMEL	XY	(Männlich)

Für jeden genetischen Locus ermittelte Blackett seinen Genotyp und die erwartete Häufigkeit seines Genotyps an jedem Locus in einer repräsentativen Stichprobe der Population. Für den als "D3S1358" bezeichneten genetischen Locus hat Blackett beispielsweise den Genotyp "15, 18". Dieser Genotyp wird von etwa 8,2 Prozent der Bevölkerung geteilt. Kombiniert man die Häufigkeitsangaben für alle 13 CODIS-Loci, so lässt sich errechnen, dass die Häufigkeit seines Profils 1 zu 7,7 Billiarden Kaukasiern beträgt (1 zu 7,7 mal 10 hoch 15^a).

HINTERGRUND

In Rondônia gibt es noch immer keine staatlichen oder bundesstaatlichen Labors, die Vaterschaftstests durchführen.

In einer gemeinsamen Anstrengung von UNIR und der Staatlichen Kriminalpolizei wird es möglich sein, sowohl der bedürftigen Bevölkerung, die die Tests benötigt, als auch der Justiz bei der Lösung von Gerichtsverfahren zur Vaterschaftsanerkennung und bei Strafsachen zu helfen.

17

3 ZIELE

3.1. ALLGEMEINES

Standardisierung und Implementierung einiger molekularer Marker, die zum CODIS-System gehören, für die Analyse von Allelhäufigkeiten und den Vergleich mit anderen Populationen.

3.2. SPEZIFISCH

Berechnen Sie die Allel- und Genotyphäufigkeiten der STRs vWA, D21S11 und FGA;

Analysieren Sie, ob sie sich im Hardy-Weinberg-Gleichgewicht befinden;

Überprüfen Sie die Heterozygotie;

Vergleich mit anderen Bevölkerungsstichproben in der Region.

4 MATERIAL UND METHODEN

4.1. CHARAKTERISIERUNG DER UNTERSUCHTEN POPULATION

Die DNA-Proben beziehen sich auf Personen, die in der Gemeinde Porto Velho - RO leben, mit einer Fläche von 34.090,926 km2 bei 63° 54' 14" westlicher Länge und 08° 24' 43" südlicher Breite und einer Bevölkerung von etwa 428.527 Einwohnern (Instituto Brasileiro de Geografia e Estatistica - IBGE, 2016).

Dreiunddreißig Proben wurden aus dem Bioreservoir des Interfakultären Zentrums für experimentelle Biologie und Biotechnologie (CIBEBI) der Bundesuniversität von Rondônia ausgewählt.

4.2. EXPERIMENTELLE METHODIK

4.2.1. Forschungsethik

Die Verfahren zur Durchführung dieser Forschung entsprechen den Richtlinien und Normen zur Regelung der Forschung am Menschen, die durch den Beschluss Nr. 196 vom 10. Oktober 1996 des Nationalen Gesundheitsrates (CNS) genehmigt wurden.

4.2.2. Auswahl der Proben

Die DNA wurde aus Blutproben extrahiert, die im CIBEBI vorrätig waren und von Familiengruppen stammten, die vor etwa 10 Jahren gesammelt wurden. Mehr als 150 Proben wurden ausgewählt.

4.3. DNA-EXTRACTION

Die ersten DNA-Proben wurden nach der Phenol-Chloroform-Methode gemäß WALSH und Mitarbeitern (1992) mit einigen Modifikationen extrahiert. Aliquots von 500 µl Blut wurden in sterile Röhrchen überführt und 2 Minuten lang bei 10.000 x g zentrifugiert; der Überstand wurde verworfen. Das Sediment wurde mit Lysepuffer (700 ml) und Proteinase K (35 µl von 20 mg/ml) versetzt und bei 56 °C auf einem Schüttler mit Temperaturregler bebrütet. Nach dieser Zeit wurde ein gleiches Volumen von 25:24:1 Phenol/Chloroform/Isoamylalkohol (v/v/v) unter kurzem Schütteln zugegeben und 10 Minuten lang bei 12.000 x g und 4 °C zentrifugiert. Die Schicht, die die DNA enthielt, wurde in ein neues Röhrchen mit dem gleichen

Volumen an absolutem Ethanol (-20 °C) überführt, und es wurden 80 µl 3 M Natriumacetatpuffer (pH 5,96) hinzugefügt, um die DNA zu fällen. Die Röhrchen wurden 5 Stunden lang bei - 20 °C gelagert. Nach einer 10-minütigen Zentrifugation bei 12.000 x g und 4 °C wurde der Überstand verworfen und 50 µl steriles Wasser hinzugefügt, um das Sediment zu resuspendieren. Der Extraktionsprozess wurde wiederholt, das Sediment getrocknet und in 80 µl sterilem Wasser resuspendiert und in einem Spektrophotometer bei 260 nm quantifiziert.

Da diese Extraktionsmethode sehr ätzend ist und bei denjenigen, die damit arbeiten, verschiedene gesundheitliche Probleme hervorrufen kann, wurde sie später geändert und das QIAamp Blood DNA DSP Mini Kit verwendet.

Das QIAamp Blood DNA DSP Mini Kit ist ein generisches System, das die QIAamp-Technologie zur manuellen Isolierung und Aufreinigung genomischer DNA aus frischen oder gefrorenen intakten menschlichen Blutproben für die *In-vitro-Diagnostik* verwendet, die mit EDTA oder Citrat behandelt wurden.

Das kommerzielle miniKit ist so konzipiert, dass es mit jeder nachfolgenden Anwendung verwendet werden kann, die eine enzymatische Amplifikation oder eine andere DNA-Modifikation und anschließend Detektions- oder Amplifikationssignale verwendet.

Das QIAamp Blood DNA DSP Mini Kit verwendet eine Technologie, die die schnelle und einfache Isolierung und Reinigung genomischer DNA aus 200 µl intakter Blutprobe ermöglicht. Die gereinigte DNA funktioniert zuverlässig in nachfolgenden Anwendungen wie der PCR.

Die einfachen Verfahren des QIAamp Blood DNA DSP Mini Kits wurden entwickelt, um die gleichzeitige Verarbeitung mehrerer Blutproben zu ermöglichen und reine, gebrauchsfertige DNA zu produzieren.

Eine vorherige Abtrennung der Leukozyten ist nicht erforderlich. Die Verfahren erfordern keine Extraktion mit Phenol/Chloroform oder Ausfällung mit Alkohol und nur minimale Interaktion mit dem Benutzer, was eine sichere Handhabung potenziell infektiöser Proben ermöglicht. Die Verfahren wurden so konzipiert, dass Kreuzkontaminationen zwischen Proben vermieden werden. Die gereinigte DNA kann für die PCR oder andere Anwendungen verwendet oder bei -20 °C zur späteren Verwendung gelagert werden.

Das Verfahren für jedes QIAamp Blood DNA DSP Mini Kit besteht aus 4 Schritten: Lyse der Zellen in den Blutproben, Bindung der genomischen DNA aus dem Zelllysat an die Säulenmembran zur Zentrifugation des QIAamp Mini, Waschen der Membran, Elution der genomischen DNA von der Membran.

Wie Penta E, das von Promega-Wissenschaftlern in dem Bemühen entdeckt und charakterisiert wurde, eine *Stelle* mit hoher Variabilität und geringer Bildung von Stotterprodukten zu finden (BACHER UND SCHUMM 1998; SCHUMM BACHER, 2001), und das, obwohl nicht offiziell vorgeschrieben, in kommerziellen Kits weit verbreitet ist.

Für diese Arbeit wurde die Methode der DNA-Extraktion durch Zentrifugation verwendet, wie in Abbildung 3 beschrieben.

Abbildung 3: QIAamp KIT-Verfahren

Mini QIAamp DSP DNA-Blutverfahren

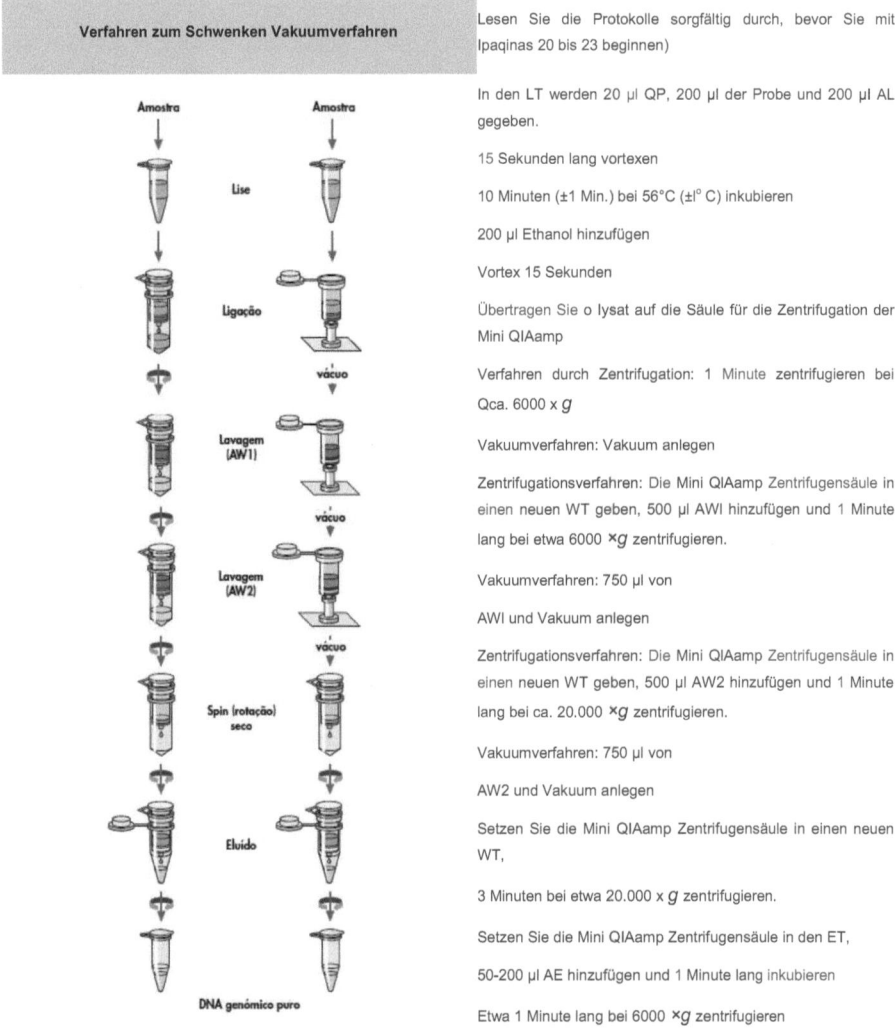

Verfahren zum Schwenken Vakuumverfahren	Lesen Sie die Protokolle sorgfältig durch, bevor Sie mit Ipaqinas 20 bis 23 beginnen)

In den LT werden 20 µl QP, 200 µl der Probe und 200 µl AL gegeben.

15 Sekunden lang vortexen

10 Minuten (±1 Min.) bei 56°C (±l° C) inkubieren

200 µl Ethanol hinzufügen

Vortex 15 Sekunden

Übertragen Sie o lysat auf die Säule für die Zentrifugation der Mini QIAamp

Verfahren durch Zentrifugation: 1 Minute zentrifugieren bei Qca. 6000 x g

Vakuumverfahren: Vakuum anlegen

Zentrifugationsverfahren: Die Mini QIAamp Zentrifugensäule in einen neuen WT geben, 500 µl AWI hinzufügen und 1 Minute lang bei etwa 6000 $\times g$ zentrifugieren.

Vakuumverfahren: 750 µl von

AWI und Vakuum anlegen

Zentrifugationsverfahren: Die Mini QIAamp Zentrifugensäule in einen neuen WT geben, 500 µl AW2 hinzufügen und 1 Minute lang bei ca. 20.000 $\times g$ zentrifugieren.

Vakuumverfahren: 750 µl von

AW2 und Vakuum anlegen

Setzen Sie die Mini QIAamp Zentrifugensäule in einen neuen WT,

3 Minuten bei etwa 20.000 x g zentrifugieren.

Setzen Sie die Mini QIAamp Zentrifugensäule in den ET,

50-200 µl AE hinzufügen und 1 Minute lang inkubieren

Etwa 1 Minute lang bei 6000 $\times g$ zentrifugieren

Quelle: QIAamp 2014 Blood DNA DSP Mini Kit Manual.

Die letzten Schritte des Extraktionsprozesses wurden geändert, da das Mini-Kit für frisches Blut konzipiert ist und sich nicht für sehr alte Proben eignet.

Jeder Probe wurden 30 µl EA zugesetzt, dann bei 95 °C inkubiert und 1 Minute lang bei 20.000 x g zentrifugiert. Nach diesem Vorgang wurden jeder Probe weitere

30 µl EA zugesetzt und 1 Minute lang bei 20.000 x g zentrifugiert. Danach wurden die Proben in einem Consul-Gefrierschrank bei - 20 °C gelagert.

4.4. PROBENQUANTIFIZIERUNG

Die Quantifizierung erfolgte nach der Extraktion, die Proben wurden in einem Behälter mit Eis gelagert und zur Oswaldo Cruz Stiftung (FIOCRUZ) gebracht, wo sie mit Hilfe von Technikern unter Verwendung des NanoDrop und der geräteeigenen Software quantifiziert wurden.

Der NanoDrop® ND-1000 (NanoDrop Technologies, Inc.) ist in der Lage, Volumina von bis zu 2 µl Lösung zu messen, ohne dass Küvetten oder Probenhalter erforderlich sind, und liefert die Konzentration der DNA in der Probe sowie ihre Reinheit. Abbildung 4 zeigt die Ausrüstung.

Das Verhältnis 260/280 nm wird zur Abschätzung der Reinheit von DNA- und RNA-Proben verwendet. Eine als rein geltende DNA-Probe weist ein Verhältnis zwischen 1,8 und 2,0 auf. Liegt dieses Verhältnis unter diesen Werten, kann eine Kontamination mit Proteinen, Phenol oder anderen Verunreinigungen vorliegen, die bei 280 nm stark absorbieren (LEHNINGER et al., 1995).

Abbildung 4: NanoDrop® ND-1000

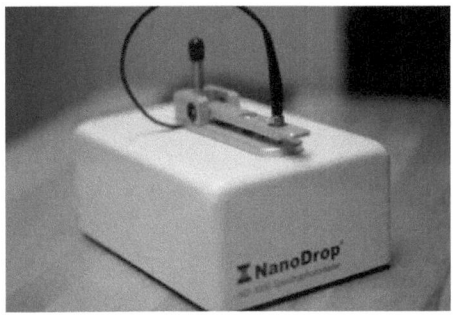

Quelle: www.takeitapart.com/guide/66 (2016).

Bei der Kalibrierung des Geräts wurden 2 µl AE und anschließend 2 µl der Proben hinzugefügt. Jede Probe wurde separat analysiert und das Ergebnis war die DNA-Menge in ng/µL.

Abbildung 5 zeigt ein Bild der in diesem Prozess verwendeten Software.

Abbildung 5: NanoDrop® ND-1000 Software

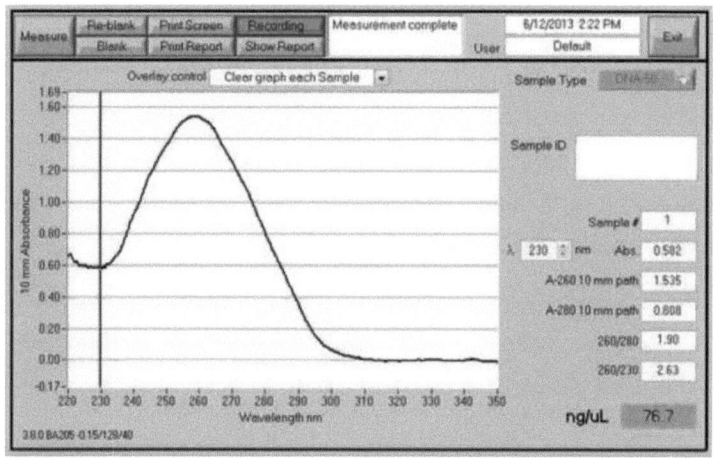

Quelle: Der Autor (2016).

4.5. AMPLIFIKATION DER STR-LOCI

Die Primer, die synthetisiert wurden, entsprechen den in der Literatur beschriebenen Sequenzen. Sie beziehen sich alle auf CODIS mit 13 oder 21 Allelen.

Das Prinzip der PCR besteht aus drei grundlegenden Schritten, die in jeder DNA-Synthesereaktion vorkommen und die in Zyklen mehrmals wiederholt werden:

Thermische Denaturierung der DNA-Vorlage.

Synthetische Oligonukleotide, die als Initiatoren der Polymerisationsreaktion fungieren, werden an jeden Strang der Template-DNA angehängt.

Polymerisation der neuen DNA-Stränge aus jedem der Primer, wobei jedes der 4 dNTPs als Substrat für die Polymerisationsreaktion verwendet wird.

Es wurden Vorversuche durchgeführt, um die Reaktionen für die Primer und die Template-Konzentration zu optimieren. Die ursprünglich für die Studie gewählten Bedingungen waren 80 ng Template-DNA in 10 X Puffer, 2 mM MgCl2, 10 mM dNTP, 1 U Taq Platinum DNA-Polymerase und 2 pmol von jedem Primer, für ein Endvolumen von 20 uL. Der Temperaturzyklus war: 95°C für 10 min, 94°C für 1 min, optimierte Annealing-Temperatur für jedes Primerpaar für 1 min, 72°C für 1 min für 34 Zyklen, mit einer abschließenden Verlängerung bei 72°C für 30 min.

Abbildung 6 zeigt ein Bild des in dieser Arbeit verwendeten Thermocyclers.

Abbildung 6: Thermocycler mit Gradient, mod. Veriti 96-Well-Thermocycler, 0,2 ml

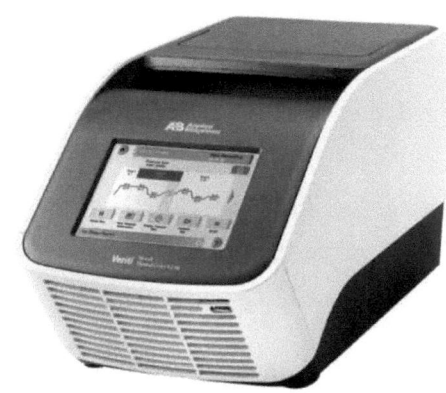

Quelle: Der Autor (2016).

Da die Ergebnisse nicht zufriedenstellend waren, wurde die Amplifikationstemperatur im ersten Zyklus auf 94 °C für 10 Minuten standardisiert. Im zweiten Zyklus betrug die Denaturierungstemperatur 94 °C für 1 Minute und 45 Wiederholungen. Die Annealing-Temperatur lag bei 55 °C für 30 Sekunden und die Extensionstemperatur bei 72 °C für 1 Minute. Im letzten Zyklus wurden sie 10 Minuten lang bei 72 °C bebrütet. Um die Ergebnisse zu vervollständigen, wurden sie bei 4 °C gelagert, dann wurden die Proben entnommen und bei - 20 °C im Gefrierschrank aufbewahrt.

4.6. 12%IGE DENATURIERENDE POLYACRYLAMID-GELELEKTROPHORESE

Dies ist eine weit verbreitete Technik zur Sichtbarmachung und Trennung von DNA-Molekülen. Bei dieser Technik werden die DNA-Moleküle nach Größe (Masse), Form und Kompaktheit getrennt. Die DNA wandert in den Gelen (die als Träger dienen) durch einen elektrischen Strom, der je nach Größe und Form in verschiedenen elektrophoretischen Profilen variiert.

Alle Produkte wurden mittels 12%-iger denaturierender Polyacrylamid-

Gelelektrophorese zusammen mit 1 x TBE-Puffer in einem vertikalen Elektrophorese-Behälter mit einer 40 cm langen Glasplatte analysiert.

Je größer das Molekül ist, desto größer ist die Reibung und desto langsamer ist die Wanderung, so dass Moleküle unterschiedlicher Größe nach einiger Zeit unterschiedlich weit wandern (KOCH & ANDRADE, 2008), was eine Allelbestimmung ermöglicht.

Die Größen der amplifizierten Fragmente wurden mit einer DNA-Allelleiter von 50 und 100 bp verglichen.

Abbildung 7 zeigt die Wanne, in der die Polyacrylamidgele hergestellt wurden, und die Energiequelle, die bei den Läufen verwendet wurde.

Abbildung 7: Gel, das bei 90 W in einem Elektrophorese-Behälter läuft.

Foto: Der Autor (2016).

4.7. STATISTISCHE ANALYSE

Die statistischen Analysen basierten auf der Häufigkeit der Allele der vWA-, D21S11- und FGA-Loci, die in Tabelle 02 aufgeführt sind, in der die chromosomalen Positionen, die Wiederholungseinheiten, der Größenbereich der Allele und die Referenzen der STR-Loci aufgeführt sind. Die untersuchten Bevölkerungsproben umfassten 33 Personen aus der Stadt Porto Velho im Bundesstaat Rondônia. Die Daten wurden zur Analyse der genetischen Vielfalt und des Hardy-Weinberg-Gleichgewichts verwendet.

Tabelle 2 zeigt die Definition und Charakterisierung der einzelnen *Loci und* ihre Lage auf den Chromosomen.

Dies waren die Sequenzen der untersuchten Primer:

vWA- F 5'CCCTAGTGGATGAAGAATAATC3'

vWA- R 5'GGACAGATGATAAATACATAGGATGGATGG3'

D21S11- F 5'ATATGTGAGTCAATTCCCCAAG3'

D21S11- R 5'TGTATTAGTCCATGTTCTCCAG3'

FGA- F 5'GCCCCATAGGTTTTGAACTCA3'

FGA- R 5'TGATTTGTCTGTAATTGCCAGC3'

Tabelle 02: Definition und Charakterisierung der Loci

Locus STR	Chromosomale Lokalisierung	Wiederholen Sie 5' 3'	Allel-Intervall	Allelgröße	Referenz
vWA	12q12-pter	AGAT	10-22	116-168	KIMPTON und andere, 1992
D21S11	21q 11-21q21	TCTA	24-38	181-245	SHARMA und LITT, 1992
FGA	4q28	TTTC	17-46.2	260-340	MILLS und andere, 1992

4.7.1 Berechnung von Allelhäufigkeiten

In einer Bevölkerungsstichprobe drückt die Häufigkeit eines Allels aus, wie oft es im Verhältnis zur Gesamtzahl der Allele an einem bestimmten chromosomalen *Locus* beobachtet wird (LI, 1976). In dieser Studie wurden die Allelhäufigkeiten geschätzt, indem gezählt wurde, wie oft ein Allel in der Bevölkerungsstichprobe gefunden wurde, und diese Zahl durch die Gesamtzahl der Allele in der Bevölkerung geteilt wurde.

Pn= ni/nj

Wo:

Pn ist die Schätzung der Häufigkeit des Allels i in der Population j.

Ni ist die Anzahl der Vorkommen des Allels i in der Population j.

Nj ist doppelt so groß wie die Bevölkerung.

4.7.2 Berechnung der Genotyphäufigkeiten

Um zu überprüfen, ob die Allel- und Genotyphäufigkeiten der 03 STR-Marker mit den für eine bestimmte Population im EHW erwarteten Werten übereinstimmen, wurde das erwartete Gleichgewicht berechnet und Chi-Quadrat-Tests durchgeführt, um sie mit den beobachteten Ergebnissen zu vergleichen, und zwar nach der Formel, in der jede Allelhäufigkeit durch einen Buchstaben (p, q, r...) dargestellt wird.

p^2 + 2.pq + 2.pr + 2.ps + 2.pt + 2.pu + 2.pv + 2.px + 2.pz + 2.pa + 2.pb + 2.pc + q^2
+ 2.qr + 2.qs + 2.qt + 2.qu + 2.qv 2.qx + 2.qz + 2.qa + 2.qb + 2.qc + r^2 + 2.rs + 2.rt
+ 2.ru + 2.rv + 2.rx + 2.rz + 2.ra + 2.rb + 2.rc + s^2 + 2.st + 2.su + 2.sv + 2.sx + 2.sz
+ 2.sa + 2.sb + 2.sc + t^2 + 2.tu + 2.tv + 2.tx + 2.tz + 2.ta + 2.tb + 2.tc + u^2 + 2.uv +
2.ux + 2.uz + 2.ua + 2.ub + 2.uc + v^2 + 2.vx + 2.vz + 2.va + 2.vb + 2.vc + x^2 + 2.xz
+ 2.xa + 2.xb + 2.xc + z^2 + 2.za + 2.zb + 2.zc + a^2 + 2.ab + 2.ac + b^2 + 2.ba + 2.bc +
c^2=

4.7.3 Überprüfung des Hardy-Weinberg-Gleichgewichts (HWE)

Um zu prüfen, ob die Allel- und Genotyphäufigkeiten der drei SRT vWA, D21S11 und FGA-Loci den Erwartungen für eine Population im EHW entsprechen, wurde der Chi-Quadrat-Test (χ^2) durchgeführt. Mit diesem Test wird untersucht, ob die beobachteten Genotyphäufigkeiten von denen abweichen, die nach dem von Hardy-Weinberg vorgeschlagenen genetischen Vererbungsmodell zu erwarten sind.

$$\chi^2 = \Sigma\,[(o - e)^2\,/e]$$

Wo:

O = beobachtete Häufigkeit für jede Klasse.

E = erwartete Häufigkeit für diese Klasse.

4.7.4 Überprüfung des Freiheitsgrades

Der χ^2-Test wurde auf einem Signifikanzniveau von 5 % (α = 0,05) durchgeführt, wobei die Freiheitsgrade durch Subtraktion der Anzahl der Allele des Locus von der Anzahl der beobachteten Genotypen ausgedrückt wurden.

28

4.7.5 Beobachtete Heterozygotie

Die beobachtete Heterozygotie bestätigt den beobachteten Anteil der heterozygoten Individuen an einem bestimmten *Locus* (BRENNER und MORRIS, 1990).

Ho = $\sum$ Anzahl der heterozygoten Individuen / Anzahl der analysierten Individuen

4.7.6 Erwartete Heritabilität

Die erwartete Heterozygotie prüft den erwarteten Anteil der heterozygoten Individuen an einem *Locus* und wurde für jeden *Locus* geschätzt (NEI, 1973).

He = $(1 - \sum Pi^2)$ (n/n-1)

Wo:

Pi = Häufigkeit des Allels i

N = Gesamtzahl der analysierten Allele

5 ERGEBNISSE UND DISKUSSION

Die Arbeit mit genetischen Markern für die spätere Anwendung in der forensischen Praxis erfordert die Berechnung des Hardy-Weinberg-Gleichgewichts. Befindet sich eine Population im Hardy-Weinberg-Gleichgewicht, so wird angenommen, dass sie unendlich ist, dass es keine Mutations- und Selektionsereignisse gibt, dass Kreuzungen zufällig sind und dass der vorhandene Genfluss nicht in der Lage ist, die allelische Zusammensetzung dieser Population in den nachfolgenden Generationen zu verändern. Anhand der ermittelten Allelhäufigkeiten lässt sich also der Anteil der verschiedenen Genotypen in der Population bestimmen (MARTINS, 2008, MORETTI, 2009).

In dieser Studie wurden drei STR-Loci (vWA, D21S11 und FGA) in einer Bevölkerungsstichprobe von 33 Personen aus der Stadt Porto Velho untersucht und die allelischen und genotypischen Häufigkeiten jedes *Locus* geschätzt. Diese *Loci* wurden aufgrund ihrer Basenpaarabstände ausgewählt: vWA mit einem Abstand von 116 bis 168 Basenpaaren, gefolgt von D21S11 mit einem Abstand von 181 bis 245 Basenpaaren und FGA mit einem Abstand von 260 bis 340 Basenpaaren, so dass es möglich war, den Anfang und das Ende eines jeden Systems genauer zu bestimmen.

Die Proben der letzten 15 Jahre wurden getrennt und bei - 20 °C im Gefrierschrank des Biorepository des Labors gelagert. Von den 150 extrahierten Proben wurden diejenigen mit den besten Ergebnissen ausgewählt, d. h. Proben mit einer guten Menge an ng/µL DNA (über 5 ng/µL).

Um zu bestätigen, dass die Proben amplifiziert worden waren, wurden sie dem 12%-igen denaturierenden Polyacrylamid-Verfahren unterzogen, wie in Abbildung 8 zu sehen ist, die die amplifizierten Proben und ihre Position zeigt.

Abbildung 8: 12% denaturierendes Polyacrylamidgel

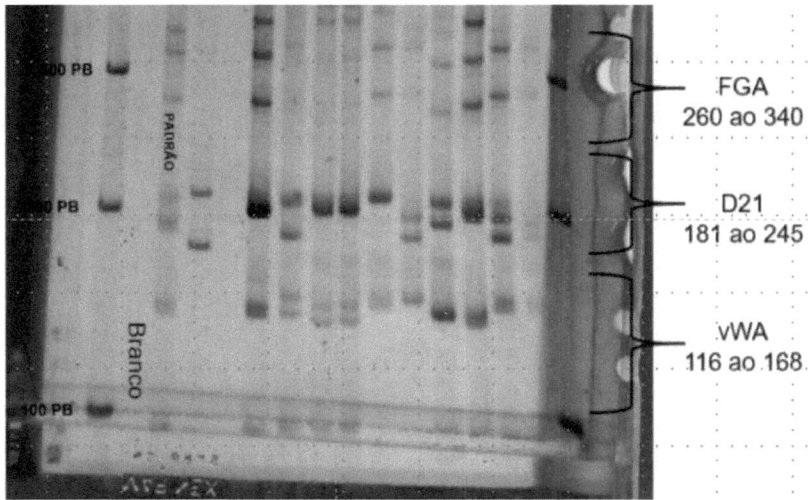

Foto: Der Autor (2016).

5.1 ERZIELTE FREQUENZEN

Obwohl eine der wichtigsten Eigenschaften der in der Literatur verfügbaren und in forensischen Analysen verwendeten Mikrosatelliten ihr Polymorphismus ist, d. h. dass sie viele Allele sowohl in den elterlichen Populationen als auch in den Populationen aufweisen, in denen es zu einer Rassenmischung zwischen zwei oder mehreren Populationen gekommen ist, muss ein Allel in einer Population häufiger vorkommen als in einer anderen, um ein guter molekularer Marker zu sein (FERREIRA, 2011).

Tabelle 03 zeigt die in dieser Studie untersuchten *Loci*, die Häufigkeit, mit der die einzelnen *Loci* gefunden wurden, und die häufigsten Allele.

Tabelle 3: Zeigt das Vorkommen der STR vWA-Loci in der untersuchten Population.

vWA			
Pn	**Ni**	**Nj**	**Frequenz**
15	13	66	0,197
16	18	66	0,2727
17	22	66	**0,3333**
18	12	66	0,1818
19	1	66	0,0151
D21S11			
Pn	**Ni**	**Nj**	**Frequenz**
27	6	66	0,0909
28	13	66	0,197
29	15	66	**0,2273**

31

30	10	66	0,1515
31	14	66	0,2121
32	3	66	0,0454
33	5	66	0,0757

=GA			
Pn	**Ni**	**Nj**	**Frequenz**
20	3	66	0,0454
21	1	66	0,0151
22	3	66	0,0454
23	5	66	0,0757
24	14	66	**0,2121**
27	2	66	0,0303
28	5	66	0,0757
29	6	66	0,0909
30	2	66	0,0303
31	14	66	**0,2121**
32	8	66	0,1212
33	3	66	0,0454

Legende: Pn ist die geschätzte Häufigkeit des Allels i in der Population j. Ni ist die Anzahl der Vorkommen des Allels i in der Population j. Nj ist 2x die Populationsgröße.

Es wurden Tests durchgeführt, um zu überprüfen, ob die Allel- und Genotyphäufigkeiten der drei STR-Loci den für eine ausgewogene Population erwarteten Werten entsprechen.

In dieser Arbeit wurden die Berechnungen des statistischen Chi-Quadrat-Tests mit einem Konfidenzintervall von 95 % ($\alpha = 0,05$ und Freiheitsgrad, ausgedrückt durch Subtraktion der Anzahl der Allele vom beobachteten Genotyp *Locus*) durchgeführt.

5.2 ALLELHÄUFIGKEITEN DER UNTERSUCHTEN BEVÖLKERUNG

Die in Tabelle 05 dargestellten Ergebnisse zeigen die geschätzten Allelhäufigkeiten der drei SRT vWA, D21S11 und FGA *Loci* in der Bevölkerungsstichprobe. Sie zeigen auch die Anzahl der Allele, die jeder *Locus* aufweist, und die Bandbreite dieser Allele.

Die drei autosomalen STR-Marker wurden bei nicht verwandten Personen analysiert

Nach den erzielten Ergebnissen haben wir eine unterschiedliche Verteilung der Allele für jeden *Locus, d.h.* 5 Allele wurden am vWA-Locus, 7 Allele am D21S11-Locus und 12 Allele am FGA-Locus gefunden.

Tabelle 4 zeigt ein Beispiel für die Verteilung der Allele und ihre jeweiligen Häufigkeiten.

Tabelle 4: Anzahl der erhaltenen Allele, Variation und häufigste Allele.

Locus	Allel-Variation	Anzahl der Allele	Häufigstes Allel	Frequenz
vWA	15-19	5	17	0,3333
D21S11	27-33	7	29	0,2273
FGA	20-33	12	24-31	0,2121

5.2.1. vWA

Für den Mikrosatelliten vWA wurden Allele zwischen 15 und 19 beobachtet. Das häufigste Allel in den untersuchten Proben war 17, mit 22 Allelen.

Die beobachtete Heterozygotie für diese STR-Loci betrug 0,7272. Die erwartete Heterozygotie lag bei 0,7422.

Schaubild 01: Zeigt die Anzahl der Allele und die Häufigkeit, die am *vWA-Locus* erhalten wurden.

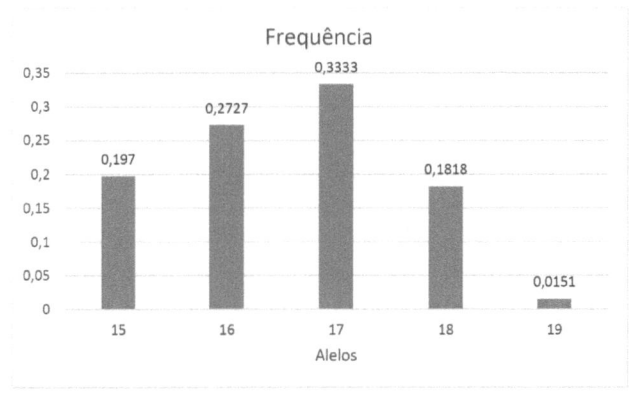

Bei vWA betrug der χ^2 20,2145.

Und der erwartete $\chi 2$-Wert war 18,307.

Daher befindet sich die untersuchte Population nicht im Hardy-Heinberg-Gleichgewicht.

5.2.2 D21S11

Für den Mikrosatelliten D21S11 wurden Allele von Allel 27 bis 33 beobachtet, wobei Allel 29 am häufigsten war. Es trat in der Bevölkerungsstichprobe 15 Mal auf. Es folgte das Allel 31, das 14 Mal in der Stichprobe auftrat.

Die beobachtete Heterozygotie für diesen STR-Locus betrug 0,6060. Die erwartete Heterozygotie betrug 0,8253.

Schaubild 02: Zeigt die Anzahl der Allele und die Häufigkeit am *Locus* D21S11.

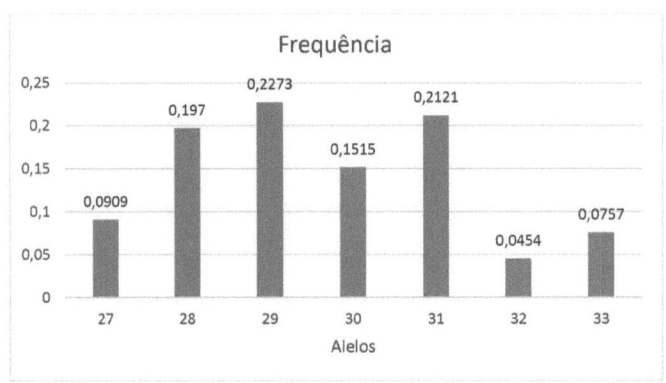

Bei D21S11 betrug der χ^2 34,5798.

Und das erwartete $\chi2$ war 33,924.

Daher befindet sich die untersuchte Population nicht im Hardy-Heinberg-Gleichgewicht.

5.2.3 FGA

Für den Mikrosatelliten FGA wurden Allele zwischen 20 und 33 beobachtet. Die häufigsten Allele waren 24 und 31, die beide 14 Mal auftraten, gefolgt von Allel 32, das nur 8 Mal in der Bevölkerungsstichprobe vorkam.

Die beobachtete Heterozygotie für diesen STR-Locus betrug 0,6060. Die erwartete Heterozygotie betrug 0,8756.

Schaubild 03: Zeigt die Anzahl der Allele und die Häufigkeit, die am FGA-Locus erhalten wurden.

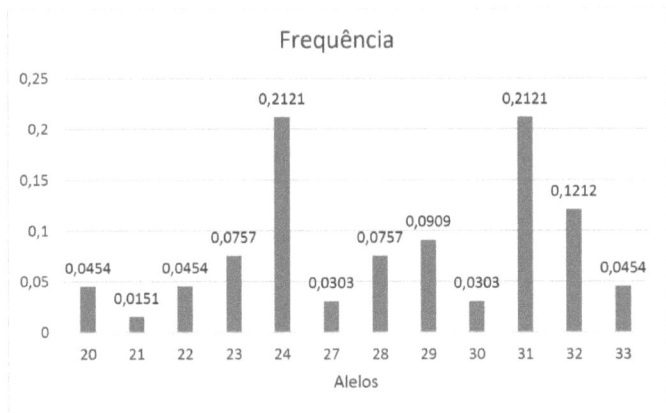

Bei der FGA betrug der χ^2 124,3790.

Und der erwartete χ^2 betrug 95,965.

Daher befindet sich die untersuchte Population nicht im Hardy-Heinberg-Gleichgewicht.

5.3 VERGLEICHE MIT ANDEREN ARBEITEN

Dies ist eine der Studien, die im Bundesstaat Rondônia von der Bundesuniversität Rondônia unter Verwendung von genetischen SRT-Markern zur Identifizierung von Menschen im Labor für Humangenetik (CIBEBI) durchgeführt wurden.

In dieser Studie wurden die drei STR-Loci (vWA, D21S11 und FGA) in einer Bevölkerungsstichprobe von 33 Personen untersucht und die Allelhäufigkeit jedes *Locus* geschätzt. In den analysierten Studien wurden die gemeinsamen STRs verglichen und eine vergleichende Analyse mit den erhaltenen Daten durchgeführt.

Die Arbeit von Netto (2005), der mit einer Stichprobe von 86 Personen arbeitete, mit der folgenden Untersuchung: "Genetic Characterisation of 5 STRs in Cafuzos and Mamelucus in the Population of Porto Velho - Rondônia".

Tabelle 5 zeigt die Ergebnisse für STR D21S11. Den Ergebnissen zufolge war das Allel 30 das häufigste, mit einer Spanne von 27 bis 34 Allelen.

Tabelle 5: Ergebnisse von Netto (2005) für STR D21S11.

Locus	Allel-	Anzahl der	Häufigstes	Ho	Er	N

35

	Variation	Allele	Allel			
D21S11	27-34	12	30	0,796	0,703	86

In der Arbeit von Azevedo (2005) mit dem Thema "Vergleichende Analysen der Häufigkeiten von 5 SRT-Loci in der Bevölkerung von Porto Velho und anderen Populationen".

Den in Tabelle 6 dargestellten Ergebnissen zufolge gab es eine Verteilung von 12 Allelen für den FGA-Locus, mit einer Spanne von 18 bis 31. Der vWA-Locus, der in der Population von Porto Velho vorkommt, war zwischen den Allelen 13 und 20 verteilt.

Tabelle 6: Ergebnisse von Azevedo (2005), für Locus vWA und FGA.

Locus	Allel-Variation	Anzahl der Allele	Häufigstes Allel	Ho	Er	N
vWA	13-20	8	16	0,953	0,769	64
FGA	18-31	12	24	0,906	0,875	64

Die Arbeit von Batista (2005) mit der folgenden Untersuchung: "Analyse der Allelhäufigkeiten der Mikrosatelliten FGA und D3S1358 in den Ufergemeinden Sâo Miguel und Cujubim in der Gemeinde Porto Velho - RO".

Nach den in Tabelle 7 dargestellten Ergebnissen gab es 9 Allele für den FGA-Locus. Allel 23 war das häufigste.

Tabelle 7: Ergebnisse von Batista (2005) für die FGA-Loci.

Locus	Allel-Variation	Anzahl der Allele	Häufigstes Allel	Ho	Er	N
FGA	12-28	9	23	0,750	0,827	80

Die Arbeit von Neves-Mata (2008) mit dem folgenden Thema: "Entwicklung eines Multiplex-Typisierungssystems für die Identifizierung von Menschen durch DNA". In der Bevölkerung der Terenas-Indianer aus Mato Grosso do Sul.

Die Ergebnisse sind in Tabelle 8 dargestellt.

Tabelle 8: Ergebnisse von Neves-Mata (2008), die mit dem vWA-, D21S11- und FGA-Locus gearbeitet hat.

Locus	Allel-Variation	Anzahl der Allele	Häufigstes Allel	Ho	Er	N
vWA	11-21	10	16	0,598	0,665	117
D21S11	27-37	18	30 e 31	0,775	0,845	71
FGA	18-27	10	24 e 25	0,855	0,7996	117

Die Arbeit von Castro (2013) mit dem folgenden Thema: Untersuchung der Häufigkeit von 15 autosomalen STRs in der Bevölkerung von Paraiba.

Sie untersuchte die STRs vWA, D21S11 und FGA und sammelte die in Tabelle 9 dargestellten Ergebnisse.

Tabelle 9: Ergebnisse von Castro (2013), der mit dem vWA-, D21S11- und FGA-Locus gearbeitet hat.

Locus	Allel-Variation	Anzahl der Allele	Häufigstes Allel	Ho	Er	N
vWA	11-17	12	16	0,796	0,807	100
D21S11	14-27	14	17	0,834	0,848	100
FGA	15-33	21	22 e 24	0,875	0,875	100

Die Arbeit von Resende (2016) mit dem Forschungsthema: "Untersuchung der genetischen Marker der Systeme CODIS und ESS in der in Lissabon lebenden Einwandererbevölkerung der Kapverden".

In dieser Studie erhielt der Forscher die in Tabelle 10 dargestellten Ergebnisse.

Tabelle 10: Ergebnisse von Resende (2016), der mit dem vWA-, D21S11- und FGA-Locus gearbeitet hat.

Locus	Allel-Variation	Anzahl der Allele	Häufigstes Allel	Ho	Er	N
vWA	12-20	11	16, 17	0,822	0,815	100
D21S11	15-31	20	30	0,866	0,863	100
FGA	15-33	20	24	0,888	0,876	100

Von allen verglichenen Studien fand nur die Studie von Neves-Mata (2008) die

Population im Gleichgewicht mit dem Hardy-Weinberg-Gesetz mit zwei Markern, vWA und FGA.

5.4 GENOTISCHE VERGLEICHE

Die Chi-Quadrat-Werte für die vWA-, D21S11- und FGA-Gene für die in dieser Studie untersuchte Population sind in Tabelle 11 aufgeführt.

Tabelle 11: Ergebnisse der vorliegenden Studie.

Locus	$\alpha\square\square$ Beobachtet	$\square$ DD Erwartet	Freiheitsgrad
vWA	20,2145	18,307	10
D21S11	34,5798	33,924	21
FGA	124,3790	95,965	66

Diese Schätzung der allelischen und genotypischen Verteilung für die drei untersuchten Loci zeigte, dass die untersuchte Population nicht im Gleichgewicht mit dem Hardy-Weinberg-Gesetz ist. Obwohl die Werte von vWA und D21S11 sehr nahe am χ^2 liegen.

Obwohl die meisten SRTs als neutrale *Loci* angesehen werden, d. h. sie unterliegen keinem Selektionsdruck, kommt es im Laufe der Zeit zu Mutationen, die fixiert werden oder mit der Zeit in variablen Häufigkeiten auftreten können. Das Fehlen von Selektion lässt sich dadurch erklären, dass es sich um nicht kodierende *Loci handelt*, bei denen ein Gleichgewicht zu erwarten ist. Für dieses Ergebnis gibt es zwei Hauptgründe.

In dieser Studie wurden drei Mikrosatelliten-Loci analysiert: vWA, D21S11 und FGA. Angesichts der großen Anzahl von Allelen, vieler Genotypen mit einer sehr geringen Häufigkeit von weniger als 5, ist die Stichprobe sehr unterteilt, was zufällig erhaltene Werte begünstigt.

Die Heterozygotie in den Genen D21S11 und FGA war im Vergleich zu den Erwartungen relativ gering. Dies könnte auf eine bevorzugte Paarung bei den beprobten Individuen hindeuten. Wir glauben jedoch nicht an diese Hypothese, da die Stichprobe nach dem Zufallsprinzip gezogen wurde. Diese Abweichung muss auf den geringen Stichprobenumfang zurückzuführen sein. Im Falle des vWA-Gens war die beobachtete Heterozygotie ähnlich wie die erwartete.

Die genetische Ausstattung eines Volkes wird von verschiedenen Faktoren bestimmt, die durch historische Aspekte, Nähe, Mischehen, sprachliche, kulturelle und soziale Bedingungen beeinflusst werden (CHAKRABORTY, 1992).

6 SCHLUSSFOLGERUNG

Es war möglich, eine Extraktion durchzuführen und die vorliegenden Ergebnisse zu erhalten.

Unsere unmittelbaren Ziele wurden in dieser Arbeit erreicht, da die Ergebnisse die Schlussfolgerung zuließen, dass der aus den drei verwendeten STR-Loci bestehende Multiplex positiv war, nachdem er auf den Gelen beobachtet wurde und die Kriterien der Probenreinheit, der Primerkonzentration und der Allelkonzentration berücksichtigt wurden.

Die Parameter der in dieser Studie verwendeten STRs sind sehr informativ und können in der forensischen Praxis nützlich sein.

STR-Allelhäufigkeiten sind Quellen für Studien im Bereich der Biologie. Einige von ihnen zielen auf die Analyse von Populationen ab, die Daten über den Ursprung und die Entwicklung des modernen Menschen und Rückschlüsse auf den Verwandtschaftsgrad zwischen Populationen liefern.

REFERENZEN

ARANHA, T. H. C. Allelhäufigkeiten, statistische Parameter forensischer Art und ethnische Charakterisierung der Bevölkerung von Rio de Janeiro anhand von STR-Polymorphismen. 2012. 91f. Dissertation (Master in Zellular- und Molekularbiologie) - Oswaldo Cruz Institute, Postgraduate Programme in Cellular and Molecular Biology. Rio de Janeiro, 2012.

AUSUBEL, F. M. Current Protocols in Molecular Biology. 3 V. 1. Hrsg. USA: John Wiley & Sons, Inc. (1987-1998).

AZEVEDO, L. S. D. Vergleichende Analyse der Häufigkeiten von % SRT-Loci in der Bevölkerung von Porto Velho und anderen Populationen. Dissertation. Föderale Universität von Rondônia, 2005, 79 Seiten.

BACHER, J., SCHUMM J. W. Development of Highly Polymorphic Pentanucleotide Tandem Repeat Loci with Low Stutter. Profiles in DNA, 1998. Verfügbar unter: <www.researchgate.net/publication/259231503>. Abgerufen am: 01. Juli 2016.

BATISTA, R. M. Analyse der Allelhäufigkeiten der Mikrosatelliten FGA und D3S1358 in den Flussufergemeinden São Miguel und Cujumbim in der Gemeinde Porto Velho-RO. Dissertation - Bundesuniversität von Rondônia. 2005. 53p.

BAR, W., et al. DNA-Empfehlungen. Further report of the DNA commission of the ISFH regarding the use of short tandem repeat systems, International Society for Forensic Haemogenetics, International Journal of Legal Medicine, v. 110, p.175-176, 1997.

BARCELOS, R. S. Genetischer Beitrag der städtischen Populationen in der brasilianischen Region Centre-West, geschätzt durch uniparentale Marker. 2006. 170f. Dissertation (Doktorat in Tierbiologie) - Universität von Brasilia - UnB. Brasilia, 2006.

BRENNER, C., MORRIS, J. Paternity index calculations in single locus hyper variable DNA probes: validation and other studies. In: INTERNATIONALES SYMPOSIUM ZUR HUMANEN IDENTIFIKATION, Madison, 1990. Proceedings.

Madison: Promega, 1990. p.21-53.

BONACCORSO, N. S. Technische, ethische und rechtliche Aspekte im Zusammenhang mit der Einrichtung einer kriminellen DNA-Datenbank in Brasilien. 2010. 262f. Dissertation (Doktorat in Strafrecht) - Universität von Sâo Paulo - USP, Sâo Paulo, 2010.

BONACCORSO, N. S. Aplicação do exame de DNA na elucidação de crimes. São Paulo. Masterarbeit - Fakultät für Rechtswissenschaften. Universität von São Paulo. 2005. 156p.

BRISIGHELLI, et al. Allelhäufigkeiten von fünfzehn STRs in einer repräsentativen Stichprobe der italienischen Bevölkerung. Forensic Science International: Genetics, 2009. v.3, n.2, p.e29- e30.

BROD, J.A. Statistik für Geoprocessing. Handout für den Aufbaustudiengang Geoprocessing an der Universität von Brasilia - UnB. 2004.

CASTRO, S. G. Frequency study of 15 autosomal STRs in the population of Paraiba. Federal University of Paraiba. 2013.

CERDA-FLORES, R. M. et al. Maximum likelihood estimates of admixture in northeastern Mexico using 13 short tandem repeat loci. 2002.

CHAKRABORTY, R. Sample size requirements for addressing the populatuon genetic issues of forensic use of DNA typing. Human Biology. 1992. V. 64, n 2, S. 141-159.

DOLINSKY LC, PEREIRA LMCV. Forensische DNA. Saùde e ambiente em Revista, Duque de Caxias. 2007. v.2, n.2, p.11-22, jul-dez.

EXCOFFIER, L., FERREIRA, M.E. Einführung in die Verwendung von molekularen Markern in der genetischen Analyse. Humangenomik. Brasilia: EMBRAPA-CENARGEN, 2005. 220p.

FERREIRA, L. V. Schätzung der Allelhäufigkeiten der 15 autosomalen STR CODIS-Marker in der Bevölkerung von Goiânia in Zentralbrasilien. 2011. Päpstliche

Katholische Universität von Goiás - PUC, Goiânia, 2011. 86f.

FERREIRA, M.E.; GRATTAPAGLIA, D. Introdução ao uso de marcadores moleculares em análisis genètica. 2 ed. Brasilia: Embrapa-Cenargen, 1998. 220 p.

FIGUEIREDO, H. F. Bewertung der Allelhäufigkeiten von 15 STR-Markern in der Bevölkerung des Bundesstaates Mato Grosso do Sul. Diplomarbeit (Master in Biotechnologie) - Katholische Universität Joâo Bosco. Campo Grande/PB, 2009. 53f

FRAIGE, K., et al. Analysis of Seven STR Human loci for Paternity Testing by Microchip Electrophoresis Braz. Arch. Biol. Technol, 2013. 56 (2): 213-221. System). Verfügbar unter: http://www.fbi.gov/hq/lab/codis/index1.htm. Abgerufen am: 22. Juni 2015.

FRANÇA, Genival Veloso de. Medicina legal. 9. Aufl., Rio de Janeiro: Guanabara-Kogan, 2001.

FRANCEZ, et al. Allelhäufigkeiten und statistische Daten von 12 codis STR in einer gemischten Population des brasilianischen Amazonasgebietes. Genetic Molecular Biology, 2011. v.34, n.1, p.35-39.

GRATTAPAGLIA, D. et al. Brazilian population database for 13 STR loci of AmpFISTR®, Profiler Plus™ and Cofiler™ multiplex kits. Forensic Science International, v.118, n.1, S.91-94, Apr. 2001.

GRIFFITHS, A. J. F et al. Introduction to Genetics. Übersetzt von P. A. Motta. 9. Auflage. Rio de Janeiro: Guanabara Koogan, 2009.

HARES, D.R. Ausweitung des CODIS-Kerns in den Vereinigten Staaten. Forensic Science Int ernational Genetics, v.6, n.1, S.52-54, 2012.

JEFFREYS, A. J. et al. Individualspezifische "Fingerabdrücke" der menschlichen DNA. Nature. 1985.

JEFFREYS, A., NORRGARD, K. Forensik, DNA-Fingerabdruck und CODIS Genetischer Fingerabdruck. Nat Med. Natur Bildung, 2005.

43

KIMPTON, C. P. et al. A further tetranucleotide repeat polymorphism in the vWF gene. Hum Mol Genet 1992;1: 287.

LAIRD R, SCHNEIDER P. M, GAUDIERI S. Forensic Sci Int Genet. Forensic STRs as potential disease markers: a study of VWA and von Willebrand's Disease. 2007 Dec;1(3-4):253-61.

LEHNINGER, A. L.; NELSON, D. L. Principles of biochemistry. Übersetzt von W.R. Loodi, und A. A. Simoes. Sao Paulo: Sarvier. Übersetzung von: Grundlagen der Biochemie. 1995. 839 p.

LEITE, H. R. F. Medizinisch-juristische Bedeutung der bei Vaterschaftstests verwendeten Marker. Portugal. 2013.

LI, W. H. Distribution of nucleotide differences between two rondomly chosen cistrons in a subdivided population: the finite island. Modelling. Theor Popul. Biol. 1976. 10 (3): 303-8.

LIOU, J. D. et al. Human Chromosome 21-Specific DNA Markers Are Useful in Prenatal Detection of Down Syndrome. 2004.

MARTINS, J. A. Allelhäufigkeitsstudie von X-Chromosom STRs in der brasilianischen Bevölkerung von Araraquara. Universidade Estadual Paulista de Jûlio de Mesquita Filho - UNESP, Araraquara/SP. 2008.

MILLS, K. A., et al. Tetranucleotide repeat polymorphism at the human alpha fibrinogen locus (FGA). Hum Mol Genet 1992;1: 779.

MORETTI, T. Identifizierung von Menschen: ein methodischer Vorschlag zur Gewinnung von DNA aus Knochen und zur Einrichtung einer Datenbank der Allelhäufigkeiten autosomaler STRs in der Bevölkerung von Santa Catarina. Bundesuniversität von Santa Catarina - UFSC, Florianópolis. 2009.

Nationales Institut für Standards und Technologie - NIST. Verfügbar unter: www.nist.gov. Zugriff am: 10. Januar 2016.

NEI, M. Analysis of gene diversity in subdivided populations. Proceedings of the

National Academy of Sciences of the United States of America. 1973. v.70, p.3321 3323.

NEVES-MANTA, F. S. Dissertation. Entwicklung und Validierung eines Multiplex-Typisierungssystems zur Identifizierung von Menschen durch DNA. Biomedizinisches Zentrum der Staatlichen Universität von Rio de Janeiro, Fakultät für medizinische Wissenschaften. 2008, 173 S.

NETTO, O. R. T. Genetische Charakterisierung von 5 STRs bei Cafuzos und Mamelucos in der Stadtbevölkerung von Porto Velho - Rondônia. Dissertation. Föderale Universität von Rondônia. 2005, 71 S.

Präsidentschaft der Republik. Gesetz Nr. 10.317, vom 06. Dezember 2001. Verfügbar unter: http://www.planalto.gov.br/ccivil_03/leis/LEIS_2001/L10317.htm. Abgerufen am: 23. Februar 2016.

Präsidentschaft der Republik. Gesetz Nr. 12.004, vom 29. Juni 2009. Verfügbar unter: http://www.planalto.gov.br/ccivil_03/_ato2007-2010/2009/lei/l12004.htm. Abgerufen am: 23. Februar 2016.

Präsidentschaft der Republik. Gesetz Nr. 12.654, vom 28. Mai 2012. Verfügbar unter: http://www.planalto.gov.br/ccivil_03/_ato2011-2014/2012/lei/l12654.htm. Abgerufen am: 23. Februar 2016.

Präsidentschaft der Republik. Dekret Nr. 7.950, vom 12. März 2013. Verfügbar unter: http://www.planalto.gov.br/ccivil_03/_Ato2011-2014/2013/Decreto/D7950.htm. 23 Feb. 2016.

ROSENBERG, N. A. et al. Genetische Struktur der menschlichen Populationen. Science. 2002 298, (5602): 2381-2385. DOI: 10.1126/science.1078311. SCHUMM JW, BACHER JW. Materialien und Methoden zur Identifizierung und Analyse von DNA-Markern mit intermediären Tandemwiederholungen. U.S. Patent. 2001

RESENDE, A. F. T. Untersuchung der genetischen Marker der Systeme CODIS und ESS in der in Lissabon lebenden Einwandererbevölkerung der Kapverden. Universität für Medizin in Lissabon. Lissabon, Portugal. Portugal. 2016.

SÉBASTIEN, L. DNA Slippage Occurs at Microsatellite Loci without Minimal Threshold Length in Humans: A Comparative Genomic Approach, 2010.

SCHNEIDER. et al. Criminal DNA databases: the European situation. Forensic Science International. 2001. v.119, n.2, p.232-238.

Oberster Gerichtshof. Resp 38451. 4. Panel. Diario de Justiça, Brasilia, DF, 13 Juni   .   1994.   verfügbar   unter:

ttp://stj.jusbrasil.com.br/jurisprudencia/21019582/recurso-especialresp-38451-mg-1993-0024734-4-stj. Abgerufen am: 23. Februar 2016.

SHARMA, V., LITT, M. Tetranucleotide repeat polymorphism at the D21S11 locus. Hum Mol Genet 1992;1: 67.

WALSH, D. J. et al. Isolierung von Desoxyribonukleinsäure (DNA) aus Speichel und Speichel enthaltenden forensischen Proben. J Forensic Sci. 1992.

WATSON, J. D. et al. DNA: Das Geheimnis des Lebens. São Paulo: Companhia das Letras, 2005.

Printed by Books on Demand GmbH, Norderstedt / Germany